Silvio Haase

Flora und Fauna Syriens

GRIN Verlag

Bibliografische Information der Deutschen Nationalbibliothek:

Die Deutsche Bibliothek verzeichnet diese Publikation in der Deutschen National-
bibliografie; detaillierte bibliografische Daten sind im Internet über http://dnb.d-
nb.de/ abrufbar.

Impressum:

Copyright © 2013 GRIN Verlag GmbH
Druck und Bindung: Books on Demand GmbH, Norderstedt Germany
ISBN: 978-3-656-82128-1

Dieses Buch bei GRIN:

http://www.grin.com/de/e-book/282887/flora-und-fauna-syriens

Grundzüge der Geographie

Trimester: Wintertrimester 2013 /
                         Frühjahrstrimester 2013

Flora und Fauna Syriens

Silvio Haase

6. Trimester, Bildungs- und Erziehungswissenschaften

Inhaltsverzeichnis

1.   Einleitung

Am 23. November planen die syrische Regierung und die Rebellen eine neue Friedenskonferenz. Bekanntlich tobt der Konflikt, bei dem auch mit Waffengewalt gehandelt wird, zwischen beiden Parteien seit dem März 2011. Diesem Konflikt sind seit Beginn mehr als 115.000 Menschen zum Opfer gefallen.[1] Aus eben diesen Gründen wird eine mögliche Intervention seitens der Vereinten Nationen und auch der NATO immer wahrscheinlicher. Wenn eine Intervention als möglich gilt, so ist eine Auseinandersetzung mit den Gegebenheiten des Landes unerlässlich. Im Folgenden soll, beginnend mit einer geographischen Einordnung, dargestellt werden, wie die klimatischen Verhältnisse in Syrien sind. Darauf aufbauend ist das Ziel ein Aufzeigen, welche Flora und Fauna in Syrien zu finden ist. Diese wird, besonders in Bezug auf eine mögliche militärische Intervention, kurz dargestellt, die charakteristischsten Tiere und Pflanzen näher betrachtet. Wissenschaftliche Literatur, die exakt dieses Thema betrachtet, ist rar und unpräzise. Aus eben diesem Grund wird auf eine Darstellung dieser verzichtet.

---

[1] vgl. Spiegel Online (2013): „Neue Friedenskonferenz im November".
http://www.spiegel.de/politik/ausland/ syrien-neue-
friedenskonferenz-am-23-november-in-genf-a-928877.html.
Abgerufen am: 26.10.2013

2.   Geographische Einordnung

Syrien befindet sich in Vorderasien auf dem Kontinent Asien. Im Norden grenzt die Türkei an den Staat, östlich gelegen ist der Irak. Im Süden teilt sich Syrien eine Grenze mit Jordanien. Im Westen befinden sich, von Nord nach Süd, das Mittelmeer, der Libanon und Israel. Abbildung 1 illustriert diese Gegebenheiten. Von dieser Einordnung lässt sich das Klima von Syrien problemlos ableiten.

Abbildung 1

Syrien ist geteilt in zwei Klimazonen der Erde. Zum einen ist dies die gemäßigte Klimazone, zum anderen die Subtropische.[2] Gerade an der Küste entsteht ein mediterranes Klima. Es klassifiziert sich vor allem durch niederschlagsreiche, jedoch milde Winter und heißen, trockenen Sommern. Das Landesinnere, durch kontinentales Klima beeinflusst, besitzt, neben dem heißen Sommer, einen kälteren Winter. In den Wüstengebieten zeichnet sich das Klima vor allem durch sehr heiße Tage und Nächte mit Temperaturen unter null Grad Celsius aus. Im Osten sind Niederschläge unter 100 Millimetern der Normalzustand, Richtung Westen steigt die Niederschlagsmenge auf über 1.000 Millimeter.[3]

Landschaftlich lässt sich in Syrien einiges festhalten. Durch den hohen Niederschlag entstehen im Westen fruchtbare Böden. Durch eben diesen abfallenden Niederschlagswert Richtung Osten sinkt die Fruchtbarkeit. Daran orientiert sich auch die Bevölkerung. Weiterhin befinden sich, parallel zur Küste des Mittelmeeres verlaufend, Gebirgsketten. Die Anzahl an Flüssen in Syrien sorgt

---

[2] vgl. Umwelt-Bildungs-Zentrum Steiermark (2013): „So funktioniert unser Klima. http://www.klimafit.at/de/ausgabe_1/ so_funktioniert_unser_klima. Abgerufen am: 26.10.2013
[3] vgl. Länder-Lexikon (2013): Syrien. http://www.laender-lexikon.de/Syrien. Abgerufen am: 26.10.2013

in deren Umfeld es immer wieder zur Bildung von Oasen kommt. Im Osten befindet sich eine große Wüstenregion, die Syrische Wüste.[4]

Sowohl klimatisch, als auch landschaftlich, ist Syrien ein abwechslungsreiches und damit auch forderndes Land für jeden Menschen. Die zahlreichen, verschiedenen klimatischen Gegebenheiten lassen andererseits eine Pflanzen- und Tierwelt entstehen, die im Folgenden genauer betrachtet werden soll.

---

[4] vgl. Länder-Lexikon (2013): Syrien. http://www.laender-
  lexikon.de/Syrien. Abgerufen am: 26.10.2013

3.   Flora

Abgeleitet von den klimatischen Bedingungen Syriens lässt sich auf die Flora schließen. Gerade durch die hohe Fruchtbarkeit im Westen des Landes ergibt sich eine große Fülle an Pflanzen, wenngleich seit dem Altertum aufgrund der Besiedlung eine starke Abholzung vollzogen wurde.

Die Breite der Flora in Syrien ist auf 3.500 verschiedene Pflanzenarten geschätzt. Größere Wälder, wie sie in Deutschland zur Normalität gehören, sind hier nicht zu finden. Charakteristisch für Syrien ist die Aleppo-Kiefer.[5] Abbildung 2 zeigt die Kiefer. Ihren Namen hat der Baum abgeleitet von der syrischen Stadt Aleppo. Hier wurde die erste Beschreibung dieser Art der Kiefer bereitgestellt. Mit Ihrer typischen Höhe von 15 bis jedoch seltenen 25 Metern haben diese Bäume einen Durchmesser von 70 bis 80 Zentimeter. Der Stamm ist in den meisten Fällen mehrfach gekrümmt. Die Baumkrone ist in jungen Jahren konisch, wird mit steigendem Alter der Aleppo-Kiefer eher stufenartig und in die Breite wachsend. Die Nadeln haben eine Länge von etwa sieben bis 15 Millimetern. Verankert

Abbildung 2

ist der Baum durch eine Pfahlwurzel, die bis zu drei Meter in den Boden eindringt. Ist dies dem Baum nicht möglich, so bildet er Seitenwurzeln um in den Boden verankert zu sein. Wirtschaftlich hat die Aleppo-Kiefer eine große Bedeutung für

---

[5] vgl. Easyvoyage (2013): „Syrien". http://www.easyvoyage.de/
syrien/die-pflanzenwelt-3327. Abgerufen am: 27.10.2013

Syrien. Das Holz wird vor allem für die Herstellung von Möbeln oder Spanplatten, als Feuer- oder Bauholz und im Schiffbau verwendet.[6]

Abbildung 3

Ein weiterer charakteristischer Baum für diese Region ist die Pinie. Diese Kiefer wird mitunter in der Mittelmeerregion bis zu 250 Jahre alt. Mit einer größte von 25 bis 30 Metern überragt sie die Aleppo-Kiefer, wird dennoch des Öfteren mit ihr verwechselt. Anfänglich besitzt die Krone eine runde Form, ab einem Alter von etwa 50 Jahren bildet sich eine Art Schirm aus. Auch die Pinie ist ein Pfahlwurzler, das Holz ist sehr harzreich. Die Nutzung ist allgemein bekannt, Pinienkerne sind eine beliebte Zutat in der Nahrungsmittelindustrie. In der Möbelindustrie findet der Baum zum Teil auch seinen Nutzen.[7]

Neben den beiden Kiefern wächst sich auch die Libanon- Zeder. Mit einer Wuchshöhe von maximal 50 Metern ist diese Zeder der größte auffindbare Baum in Syrien. Sein Alter kann 1.000 Jahre betragen. Junge Bäume der Gattung weisen eine pyramidenförmige Baumkrone auf, die mit steigendem Alter eine

Abbildung 4

---

⁶ vgl. Earle, Christopher (2012): „The Gymnosperm
   Database" http://www.conifers.org/pi/Pinus_halepensis.php.
   Abgerufen am: 27.10.2013
⁷ vgl. Schütt, Peter et. al. (2008): „Lexikon der Nadelbäume".
   Nikol: Hamburg 2008. S. 483 - 489

nicht beschreibbare Form erreicht. Wirtschaftlich ist dieser Baum von hoher Bedeutung für Syrien. Diesem Fakt ist es geschuldet, dass der Bestand ständig schwindet. Als einer der am meisten verarbeiteten Bäume begann seine Nutzung bereits in der Antike. Hier wurde die Libanon-Zeder vor allem im Bau von Tempeln verwendet. Als Holz für Möbel, Tischler und dem Hausbau wird es auch heute noch frequentiert genutzt. Das bekannte Zedernöl, gewonnen aus dem Kernholz, wird in der Aromatherapie verwendet.[8]

Neben den genannten, wichtigen Bäumen Syriens findet sich in Richtung Osten verlagert eine Vielzahl an Macchie-Formationen. Diese Pflanzen zeichnen sich durch die miteinander verzahnten Äste nebeneinanderstehender Büsche aus. Dies macht die Macchien für Menschen, aber auch für Tiere, schwer gangbar. Der Unterwuchs wird dabei als schütter bezeichnet.[9]

Eine der wenigen Laubbäume ist die Gattung der Tamarisken. Diese wachsen vor allem im Westen des Landes an den Küstenregionen. Sie erinnern eher an Sträucher denn an Bäume, erreichen eine Höhe von bis zu zehn Metern. In manchen Fällen wurden 15 Meter als Höhe dokumentiert. Von März bis September ist die Blütezeit der Tamarisken, die Blütenstände sind an den Enden der Zweige und sind traubenartig. Eine wirtschaftliche Nutzung ist vor allem der Windschutz in Küstenregionen. Dadurch, dass dieser Baum sehr verzweigt wächst, kann starker Wind recht gut abgeschwächt werden.[10]

Ein weiterer, wirtschaftlich relevanter Baum ist die Pistazie. Auch dieser ist ein Laubbaum. In Syrien ansässig ist die Atlantische Pistazie. Es handelt sich dabei um einen Baum mit einer Wuchshöhe von vier bis sieben Metern. Die Blütezeit reicht von März bis April. Die Früchte des Baumes werden zur Gewinnung von Pistazien

---

[8] vgl. Schütt, Peter et. al. (2008): „Lexikon der Nadelbäume".
  Nikol: Hamburg 2008. S. 107 - 116
[9] vgl. Jahn, Ralf; Schönfelder, Peter (1995): „Exkursionsflora für
  Kreta". Eugen Ulmer: Stuttgart. S. 16
[10] vgl. Qaiser, M. (2007): „Tamaricaceae" in: Flora of Pakistan.
  http://www.efloras.org/florataxon.aspx?flora_id=5&taxon_id=
  132255. Abgerufen am: 28.10.2013

genutzt. Bekannt sind vor allem die Pistazien aus der Region Aleppo. Sie finden als Knabberei oder als Zugabe zu Süßwarenprodukten ihre häufigste Verwendung.[11]

Aufgrund der bereits genannten klimatischen Verhältnisse ist der Osten Syriens hinsichtlich seines botanischen Bewuchses wenig erwähnenswert. Die Steppenregion beinhaltet lediglich Sträucher und Gräser. Der Rest des Landes, wo die Böden eine ausreichende Fruchtbarkeit aufweisen, sind zur wirtschaftlichen Nutzung Feigen- und Ölbäume gepflanzt.

Es wird ersichtlich, dass die syrische Flora zwar abwechslungsreich, geschuldet vor allem den verschiedenen klimatischen Bedingungen, jedoch wenig grün ist. Die genannten Ausnahmen sind vor allem ein wirtschaftlicher Faktor in Syrien.

---

[11] vgl. Schönfelder, Ingrid; Schönfelder, Peter (1994): „Kosmos-
Atlas Mittelmeer- und Kanarenflora." Franckh-Kosmos Verlag:
Stuttgart. S. 112

4. Fauna

Die Fauna lässt sich, ähnlich wie die Flora, von den klimatischen, aber auch von den botanischen, Bedingungen ableiten. Durch den Einfluss des mediterranen Klimas finden sich in Syrien Tiere, die auch in Europa zu finden sind. Hier können als Beispiele Rehe, Bären und Dachse genannt werden. Durch die Anteile am subtropischen Klima, den Steppen und Wüsten finden sich hier auch typische Tiere Afrikas und Zentralasiens.

Säugetiere gibt es in Syrien nur noch wenige. Meist werden diese als Nutztiere gehalten respektive verwendet. Besonders hervorzuheben ist hier der Esel, der als Lastentier Verwendung findet. Seltener sind auch Pferde in gleicher Verwendung. Ein weiteres Säugetier, welches in Syrien als Prestigeobjekt anzusehen ist und sowohl ein wichtiges Nutztier, als auch Fleischlieferant ist, ist das Dromedar. Durch seine Fähigkeit, längere Zeit ohne Flüssigkeitsaufnahme zu überleben, ist dieses Tier vor allem in der Syrischen Wüste von großer Bedeutung. Wenngleich die hier auftretenden

Abbildung 5

Dromedare keine Wildtiere, diese starben vor über eintausend Jahren aus, sind, so sind auch die domestizierten Tiere in Syrien nur noch spärlich verbreitet.[12]

---

[12] vgl. Mukasa-Mugerwa, E. (1982): „The Camel (Camelus Dromedarus): A Bibliographical Review". International Livestock Centre for Africa: Addis Abeba 1982. http://www.ilri.org/ InfoServ/Webpub/fulldocs/MONONO5/toc.htm. Abgerufen am: 28.10.2013

Abbildung 6

Der Goldschakal als ein Bewohner der Wüsten- und Steppenregion ist ein weiteres, interessantes Tier. Der in direkter Verwandtschaft zum Wolf stehende Goldschakal ist das einzige auf dem europäischen Kontinent lebende Tier der Gattung Canis.[13] Interessanterweise wurde er im Jahre 2000 in der Lausitz und 2012 in Bayern hier in Deutschland entdeckt.[14]

Die überwiegend Nachtaktiven Hyänen stellen ein weiteres Raubtier des östlichen Syrien dar. Um eben dieses Tier ranken sich noch immer eine Vielzahl von Mythen. In Afrika wird es als Symbol für Ausdauer und Kraft gesehen, zum Teil ist es sogar heilig. Im östlichen Afrika wird der Hyäne zugeschrieben, sie habe die Sonne gebracht. In Westafrika sagt man

Abbildung 7

diesen Tieren nach, sie seien das Ende aller Dinge. Dieser Mythos entstammt der Tatsache, dass Hyänen Aasfresser sind. In Asien und in Südeuropa werden verschiedenen Körperteilen der Hyäne Heilkräfte oder aphrodisierende Wirkungen nachgesagt.[15] Problematisch sind Hyänen dahingehend, dass sie Vieh reißen oder auf Friedhöfen Leichen ausgraben.[16] Folglich werden sie oft mit Giftködern gejagt. Somit ist von einem allgemeinen Rückgang zu sprechen.

---

[13] vgl. Verband Deutscher Zoodirektoren e.V. (2013): „Goldschakal". http://www.zoodirektoren.de/index.php?option= com_k2&view=item&id=100:goldschakal-canis-aureus. Abgerufen am: 28.10.2013

[14] vgl. dlv Deutscher Landwirtschaftsverlag GmbH (2012): „Goldschakal bestätigt". http://www.jagderleben.de/goldschakal-bestaetigt. Abgerufen am: 28.10.2013

[15] vgl. Frembgen, Jürgen W. (1998): „The Magicality of the Hyena: Beliefs and Practices in West and South Asia". In: Asian Folklore Studies. 57, S. 331–344

[16] vgl. Aristoteles (350 v. Chr.): „Historia Animalium". Buch VIII – 5. http://classics.mit.edu/Aristotle/history_anim.html. Abgerufen am: 28.10.2013

Das dritte Raubtier in dieser Betrachtung ist die Falbkatze. Diese Form der Wildkatzen ist der Ahne der uns bekannten Hauskatze. Demzufolge ist die Falbkatze in ihrem Aussehen ähnlich den uns bekannten Katzen, hat jedoch geringfügig längeres Fell. Domestiziert wurde sie vermutlich schon 7.500 vor Christus. Zu dieser Zeit schien sie, in Anbetracht der Grabbeigaben, einen hohen Sozialstatus gehabt zu haben.[17]

Ein anderes Bild zeigt sich bei der Betrachtung kleinerer Lebewesen. Gerade die Hochebene nahe Aleppo ist hier hervorzuheben. Genau hier ist der Goldhamster

beheimatet. Dieses mittlerweile als gefährdet eingestufte Säugetier der Gattung der Hamster ist nahezu nicht mehr in der freien Natur zu beobachten. Bekannt ist dieser Hamster vor allem als Haustier oder Versuchstier in medizinischen Tests. Das geringfügig kleinere Tier im Vergleich zum dem in Deutschland heimischen Feldhamster ist vor allem durch seine auffällige Rückenfärbung erkennbar. Die Oberseite ist in einem leuchtenden rotbraun gehalten. Aufgrund der Spannungen zwischen Syrien und der Türkei und auch der militärischen Gewalt innerhalb Syriens ist eine genauere Erforschung des Goldhamsters schwierig. Dadurch ist gerade eine mögliche Verbindung zwischen der Goldhamsterart in Syrien mit denen, die in der Türkei beobachtet wurden, bisher nicht nachweisbar.[18]

Abbildung 8

Im östlichen Syrien ist das Chamäleon ein weiteres Tier, welches einer Betrachtung bedarf. Charakteristisch für dieses Reptil sind die Augen. Sie können unabhängig

---

¹⁷ vgl. Der Tagesspiegel (2004): „Katze und Mensch – innig seit je Forscher: Schon vor 9500 Jahren". http://www.tagesspiegel.de/ weltspiegel/katze-und-mensch-innig-seit-je-forscher-schon-vor-9500-jahren/506754.html. Abgerufen am: 28.10 2013

¹⁸ vgl. Gattermann, Rolf (2000): „70 Jahre Goldhamster in menschlicher Obhut – wie groß sind die Unterschiede zu seinen wildlebenden Verwandten?". In: : Tierlaboratorium 23. Freie Universität Berlin. Fachrichtung Versuchstierkunde und Versuchstierkrankheiten, Freie Universität Berlin. Zentrale Tierlaboratorien. S. 86-99

voneinander bewegt werden. Die Zunge, die zur Jagd ausgeschossen werden kann, ist allgemein bekannt. Die bekannte Form des Farbwechsels dient nicht, wie vielerorts gemeint, vorrangig zur Tarnung, sondern zur Kommunikation zwischen den Artgenossen. Die Witterung nimmt darauf auch Einfluss. Wie erwähnt, so ist die Tarnung keine vorrangige Funktion des Farbwechsels. Zur Feindvermeidung wird dies dennoch eingesetzt.[19]

Die Steppenregionen Syriens sind geprägt durch typische Arten dieses Klimas. Die Viper, zahlreiche Echsen und Skorpione sind hier aufzufinden. Weiterhin finden sich hier Antilopen und Schakale.[20] Folglich bietet diese Region einen typischen Blick auf Tiere vieler Steppen- und Wüstenregionen der Erde.

In der Luft finden sich eine weitere Tiergattungen. In Syrien konnten bis zum aktuellen Zeitpunkt 23 Fledermausarten dokumentiert werden. Vor allem in den unzähligen Höhlen entlang des Flusses Nahr al-Asi finden sich große Mengen von Fledermäusen. Die ehemalige Burg Kal'at er-Rahba in der Nähe von al-Mayadin am Fluss Euphrat beheimatet allein sechs verschiedene Arten der Fledermaus und bietet an dieser Stelle die größte Bandbreite verschiedener Arten. Über das ganze Land verteilt sind also Fledermäuse verschiedener Gattungen zu finden.[21]

---

[19] vgl. Tier-Lexikon (2010): „Wissenschaftliche Informationen über das Gewöhnliche Chamäleon". http://www.das-tierlexikon.de/gewoehnliches-chamaeleon-chamaeleo-chamaeleon-reptil-688-pictures.htm. Abgerufen am: 28.10.2013
[20] vgl. Worldmark Encyclopedia of Nations (2007): „Syria". http://www.encyclopedia.com/topic/Syria.aspx. Abgerufen am: 28.10.2013
[21] vgl. Shehab, Adwan, et. al. (2007): „The Distribution of Bats (Mammalia: Chiroptera) in Syria". In: Vertebrate Zoology 57 (1). Museum für Tierkunde Dresden. S. 103 - 132

Als ein wichtiges Durchzugsland vieler Zugvögel ist der Bestand an Vögeln in Syrien durchaus als mannigfaltig zu beschreiben. Von Flamingos über Pelikane bis hin zum vom Aussterben bedrohten Waldrapp, beinhaltet dieser Bestand über 300 Vogelarten. Der Waldrapp wurde erst 2002 in Syrien entdeckt. Typisch für diesen Vogel ist ein schwarzes, metallisch glänzendes Federkleid, die Stirn ist nicht gefiedert. Der Nacken ist leicht abstehend und erinnert an einen Schopf. Dieser wird bei Gefahr aufgestellt und signalisiert so Kampfbereitschaft. Der Schnabel ist länglich und sichelförmig, er hat eine

Abbildung 9

leichte Biegung nach unten. Ursprünglich war der Waldrapp vor allem in einem Gürtel von Österreich über Süddeutschland und Italien bis zum Nahen Osten beheimatet, wurde jedoch im 17. Jahrhundert nahezu ausgerottet.[22] Aufgrund von Zuchterfolgen in Zoos ist eine Auswilderung in mehreren Ländern geplant. So kann die Zahl der in der Wildnis lebender Tiere langfristig erhöht werden.[23] Interessant an diesem Vogel ist weiterhin der Mythos, dass der Waldrapp Noah nach der Sintflut gezeigt haben soll, wie dieser den Fluss Euphrat finden kann. Weitere Mythen und Geschichten vom vierten bis ins 19. Jahrhundert ranken sich um diesen Vogel, sodass dieser vor allem in Europa und im westlichen Teil Asiens durchaus von Bedeutung ist.[24]

Die Tierwelt Syriens ist folglich nicht zuletzt aufgrund der klimatischen Verhältnisse in Syrien breit gefächert. Wenngleich durch Besiedlung und Rodung von Wäldern die Artenvielfalt rückläufig war und ist, so findet man hier einige bedrohte und damit seltene Tierarten. Insgesamt hat Syrien in Hinblick auf größere Säugetiere eine eher kleine Vielfalt, die zudem noch weiter Rückläufig war.

---

[22] vgl. Snow, David; Perrins, Christopher M. (1997): „The Birds of the Western Palearctic". Oxford University Press: Oxford. S. 146–148

[23] vgl. Waldrappteam (2013): „LIFE+" http://www.waldrappteam.at/ waldrappteam/indexl.htm. Abgerufen am: 28.10.2013

[24] vgl. Albus, Anita (2011): „On Rare Birds". Lyons Public Relations Agency: Kensington. S. 68–94.

5. Abschließende Betrachtungen

Vorangegangen sind die geographische und kurze klimatische Einordnung des Landes Syrien in Vorderasien. Die Flora und die Fauna des Staates wurden an den wichtigsten und charakteristischsten Beispielen deutlich. Es hat sich gezeigt, dass Syriens Pflanzen- und Tierwelt durchaus breit gefächert ist. Die Vielfalt, die durch das Klima hervorgerufen wird, ist zwar aufgrund der Besiedlung bereits geschwunden, ist jedoch noch immer beachtlich. Die aufgezeigten Beispiele für den Bewuchs und die Tierwelt zeigen dies deutlich. Im Rahmen einer militärischen Intervention ist hinsichtlich der Tier und Pflanzenwelt Syriens eine Vorbereitung auf sowohl mediterrane als auch wüstenähnliche Verhältnisse anzustreben. Während der Westen des Landes mit dem warmen und feuchten Klima beliebter Urlaubsregionen in der Türkei vergleichbar ist, so ist im Osten ein Klima aufzufinden, welches mit dem des Irak oder Afghanistans vergleichbar ist. Vorsicht ist lediglich vor möglichen Krankheitsüberträgern, genannt sei hier der Goldschakal mit der Tollwut, und den herumstreunenden Hyänen, vor denen Schutz durchaus wichtig ist, geboten.

6.   Literaturverzeichnis

ALBUS, ANITA (2011): „On Rare Birds". Lyons Public Relations Agency: Kensington.

ARISTOTELES (350 v. Chr.): „Historia Animalium". Buch VIII – 5. http://classics.mit.edu/Aristotle/ history_anim.html.   Abgerufen   am: 28.10.2013

DER TAGESSPIEGEL (2004): „Katze und Mensch – innig seit je Forscher: Schon vor 9500 Jahren". http://www.tagesspiegel.de/weltspiegel/katze-und-mensch-innig-seit-je-forscher-schon-vor-9500-jahren/506754.html. Abgerufen am: 28.10 2013

DLV DEUTSCHER LANDWIRTSCHAFTSVERLAG GMBH (2012): „Goldschakal bestätigt".http://www.jagderleben.de/ goldschakal-bestaetigt. Abgerufen am: 28.10.2013

EARLE, CHRISTOPHER (2012): „The Gymnosperm Database". http://www.conifers.org/pi/Pinus_halepensis.php. Abgerufen am: 27.10.2013

EASYVOYAGE (2013): „Syrien". http://www.easyvoyage.de/ syrien/die-pflanzenwelt-3327. Abgerufen am: 27.10.2013

FREMBGEN, JÜRGEN W. (1998): „The Magicality of the Hyena: Beliefs and Practices in West and South Asia". In: Asian Folklore Studies. 57

GATTERMANN, ROLF (2000): „70 Jahre Goldhamster in menschlicher Obhut – wie groß sind die Unterschiede zu seinen wildlebenden Verwandten?". In: Tierlaboratorium

23. Freie Universität Berlin. Fachrichtung Versuchstierkunde und Versuchstierkrankheiten, Freie Universität Berlin. Zentrale Tierlaboratorien.

JAHN, RALF; SCHÖNFELDER, PETER (1995): „Exkursionsflora für Kreta". Eugen Ulmer: Stuttgart.

LÄNDER-LEXIKON: Syrien. http://www.laender-lexikon.de/Syrien. Abgerufen am: 26.10.2013

MUKASA-MUGERWA, E. (1982): „The Camel (Camelus Dromedarus): A Bibliographical Review". International Livestock Centre for Africa: Addis Abeba 1982. http://www.ilri.org/InfoServ/Webpub/fulldocs/MONONO5/toc.htm. Abgerufen am: 28.10.2013

QAISER, M. (2007): „Tamaricaceae" in: Flora of Pakistan. http://www.efloras.org/florataxon.aspx?flora_id=5&taxon_id=132255. Abgerufen am: 28.10.2013

SCHÖNFELDER, INGRID; SCHÖNFELDER, PETER (1994): „Kosmos-Atlas Mittelmeer- und Kanarenflora." Franckh-Kosmos Verlag: Stuttgart.

SCHÜTT, PETER ET. AL. (2008): „Lexikon der Nadelbäume". Nikol: Hamburg 2008.

SHEHAB, ADWAN, ET. AL. (2007): „The Distribution of Bats (Mammalia: Chiroptera) in Syria". In: Vertebrate Zoology 57 (1). Museum für Tierkunde Dresden.

SNOW, DAVID; PERRINS, CHRISTOPHER M. (1997): „The Birds of the Western Palearctic". Oxford University Press: Oxford.

SPIEGEL ONLINE (2013): „Neue Friedenskonferenz im November". http://www.spiegel.de/politik/ausland/ syrien-neue-friedenskonferenz-am-23-november-in-genf-a-928877.html.Abgerufen am: 26.10.2013

TIER-LEXIKON (2010): „Wissenschaftliche Informationen über das Gewöhnliche Chamäleon". http://www.das-tierlexikon.de/gewoehnliches-chamaeleon-chamaeleo-chamaeleon-reptil-688-pictures.htm. Abgerufen am: 28.10.2013

UMWELT-BILDUNGS-ZENTRUM STEIERMARK: „So funktioniert unser Klima. http://www.klimafit.at/de/ausgabe_1/ so_funktioniert_unser_klima. Abgerufen am: 26.10.2013

VERBAND DEUTSCHER ZOODIREKTOREN E.V. (2013): „Goldschakal". http://www.zoodirektoren.de/index.php?option= com_k2&view=item&id=100:goldschakal-canis-aureus. Abegrufen am: 28.10.2013

WALDRAPPTEAM (2013): „LIFE+". http://www.waldrappteam.at/waldrappteam/indexl.htm. Abgerufen am: 28.10.2013

WORLDMARK ENCYCLOPEDIA OF NATIONS (2007): „Syria". http://www.encyclopedia.com/topic/Syria.aspx. Abgerufen am: 28.10.2013

7. Abbildungsverzeichnis

Abbildung 1:

Kämmer-Kartographie (2012): „Karte von Syrien". http://www.bpb.de/cache/images/9/150969-st-galerie.jpg?42036. Abgerufen am: 26.10.2013

Abbildung 2:

Gurk, Chris; Hepp, Christian (2013): „Aleppo-Kiefer". http://www.baumkunde.de/pics/gr/0473pic_habitus_gr.jpg. Abgerufen am: 27.10.2013

Abbildung 3:

GEO (2013): „Pinie und Meer". http://www.geo.de/reisen/community/bild/regular/278346/Pinie-und-Meer.jpg. Abgerufen am: 27.10.2013

Abbildung 4:

MonumentalTrees.com (2003): „Libanon-Zeder auf dem Gelände die Compton Verney, Compton Verney, Vereinigten Königreich". http://www.monumentaltrees.com /db/22/600/22576.jpg. Abgerufen am: 27.10.2013

Abbildung 5:

GEO (2009): „Weihrauch auch für Dromedare". http://www.geo.de/reisen/community/bild/regular/111269/Weihrauch-auch-fuer-Dromedare.jpg. Abgerufen am: 28.10.2013

Abbildung 6:

Johann, Achim (2011): „Goldschakal (Canis aureus) im NaturZoo Rheine". http://www.zoodirektoren.de/images/20-Raubtiere/112-001-003-

001_canis_aureus.jpg. Abgerufen am: 28.10.2013

Abbildung 7:

Stober, Frank: „Hyänen im Natur Lexikon". http://www.natur-server.com/Bilder/MZ/001/mz000932-Hyaene.jpg. Abgerufen am: 28.10.2013

Abbildung 8:

Hein, Andreas (2008): „Goldhamster im Terrarium". http://upload.wikimedia.org/wikipedia/commons/thumb/9/98/Goldhamster_ter rarium.jpg/400px-Goldhamster_terrarium.jpg. Abgerufen am: 28.10.2013

Abbildung 9:

Umweltmuseum.de: „Junger Waldrapp". http://www.umweltmuseum.de/assets/images/JungerWaldrapp_web.jpg. Abgerufen am: 28.10.2013